Flugreise Kiruna – Kinshasa

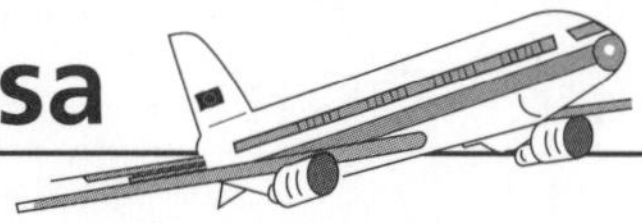

Es ist Anfang Januar. Herr Holzmeyer, Besitzer einer Möbelfabrik in Kiruna, fährt mit dem Taxi zum Flughafen. Trotz des dicken **?** friert er. Wegen des starken Schneefalls verpasst er beinahe das Flugzeug. Er freut sich, dass die Flugreise endlich losgeht. Immer wieder schaut er aus dem Fenster und sieht nichts außer schneebedeckten Landschaften, er schläft ein. Als er aufwacht, traut er seinen Augen nicht: grüne Landschaften, Sonnenschein; später riesige Fels-, Geröll- und Sandlandschaften; schließlich endlose Wälder. Als er in Kinshasa aus dem Flugzeug steigt, kann er es vor Hitze kaum aushalten.

1. Wenn du die Buchstaben 1–7 in den Flugstationen aufschreibst, erhältst du das Wort, das im Text fehlt.

? _ _ _ _ _ K _
1 2 3 4 5 6 7

2. Die Thermometer zeigen von Norden nach Süden die mittleren Januar-Temperaturwerte der überflogenen Stationen. Was fällt dir auf?

3. Die Januar-Niederschläge von zwei Stationen sind sehr auffällig. Welche Stationen sind es und wie hoch sind die Niederschlagswerte?

1–13: überflogene Staaten
1
2
3
4
5
6
7
8
9
10
11
12
13

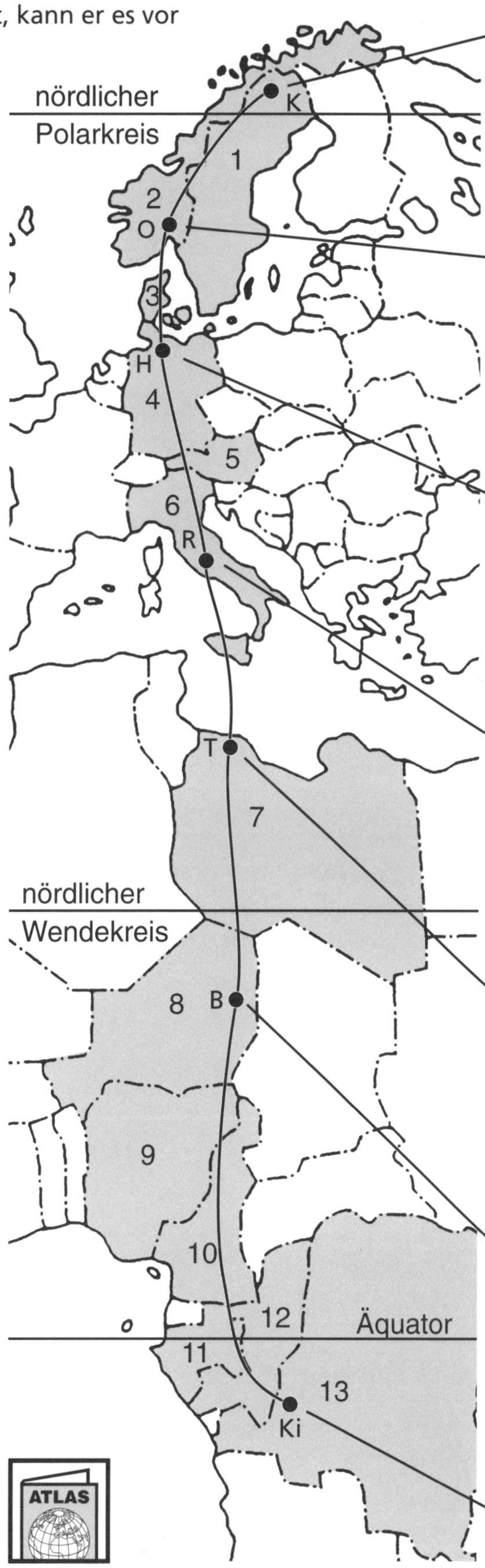

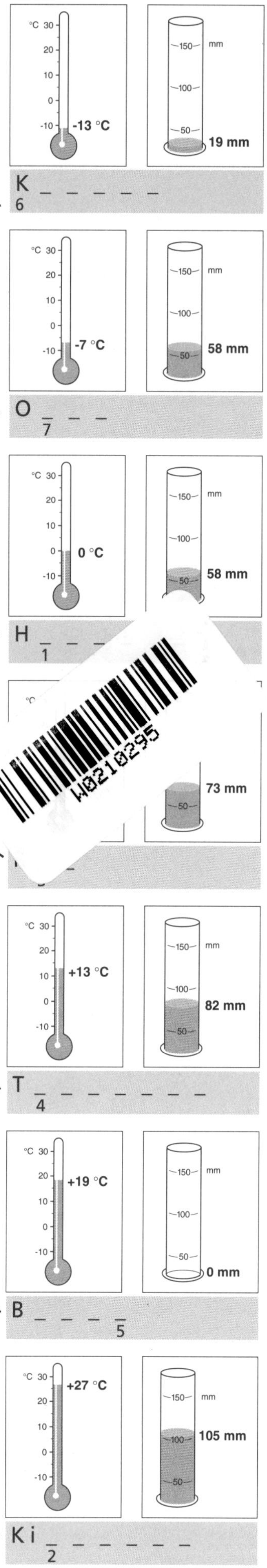

4 Auf den Winkel kommt es an

Abbildung 1 zeigt die Stellung der Erde beim Lauf um die Sonne im Nordwinter, also zu der Zeit, in der Herr Holzmeyer unterwegs ist. Betrachte die Abbildung und beantworte dann die Fragen:

1. Welche Kontinente und Meere sind zu erkennen? Markiere sie mit folgenden Ziffern:
(1) Afrika, (2) Europa, (3) Südamerika, (4) Indischer Ozean, (5) Atlantischer Ozean

2. Die „Hell-Dunkel-Grenze" bzw. die Tag-Nacht-Grenze wandert mit der Drehung der Erde um ihre eigene Achse im Laufe von 24 Stunden. Welche Erdteile sind in Abb. 1 stark bestrahlt und damit „erhellt", welche liegen „im Dunkeln"?

erhellt:

im Dunkeln:

3. Ergänze mithilfe von Abb. 1 den Text mit diesen Lückenwörtern: **nacht, flacher, nördlichen, Süd, Nord, Nord, Zenit** (senkrechter Strahleneinfall)

In dem Gebiet, das zwischen dem ______________ **Polarkreis** und dem ______ **pol** liegt, geht die Sonne auf Abb. 1 nicht auf. Hier herrscht **Polar** ________ . Die ________ **halbkugel** wird stärker beleuchtet als die __________ halbkugel. Im Bereich des Äquators trifft die Strahlung der Sonne besonders steil auf, hier steht die Sonne im ________. Nach Norden hin treffen die Lichtstrahlen immer __________ auf.

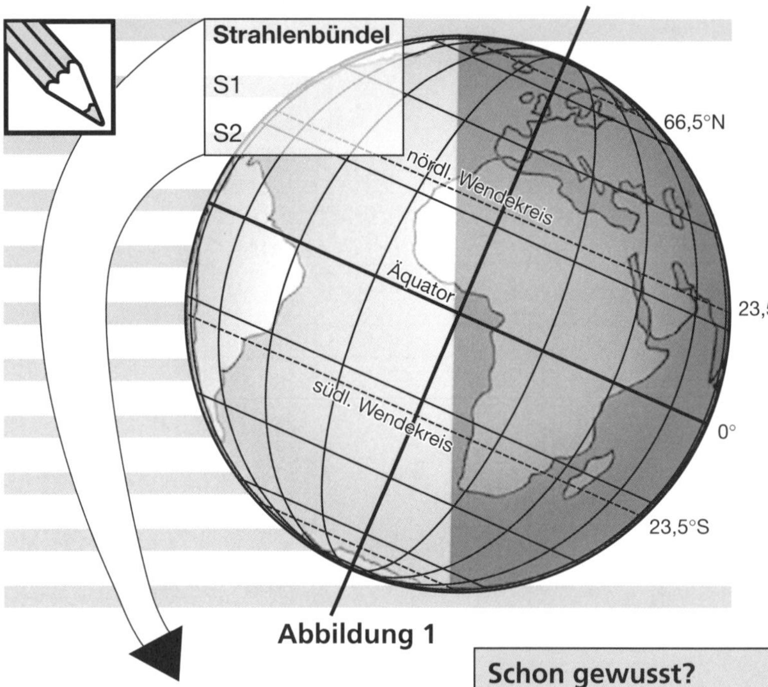

Abbildung 1

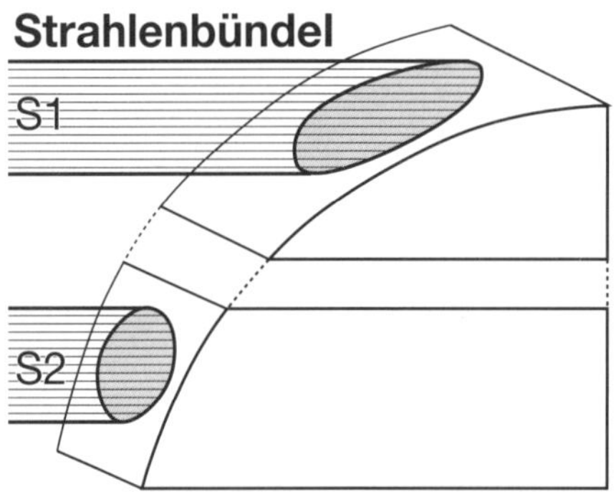

Abbildung 2

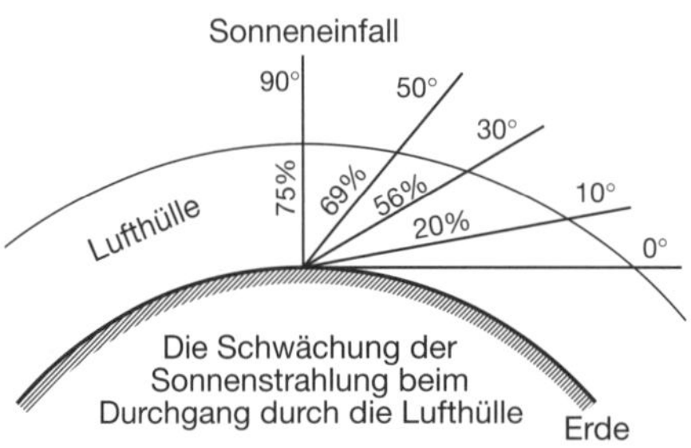

Abbildung 3

Schon gewusst?
Von der Sonnenstrahlung, die in die Atmosphäre (Lufthülle der Erde) eindringt, gelangt nur eine kleine Menge auf die Erdoberfläche. Ein Teil der Strahlung wird von der Luft, von den Wolken und von der Erdoberfläche in den Weltraum zurückgeworfen. Ein Teil wird an den Luftteilchen und an den in der Luft schwebenden Trübstoffen zerstreut. Ein weiterer Teil wird von den Trübstoffen „verschluckt". So wird die Wirkung der Sonnenstrahlen beim Durchdringen der Lufthülle geschwächt. Die Erwärmung der Erde hängt zum größten Teil vom Weg der Sonnenstrahlen durch die Atmosphäre ab. Durch die kugelförmige Gestalt der Erde und die Schrägstellung der Erdachse treffen die Sonnenstrahlen bzw. Strahlenbündel unterschiedlich steil oder flach auf der Erdoberfläche auf. Dadurch haben sie einen kurzen oder langen Weg durch die Atmosphäre.
Als Faustregel gilt:
Je steiler die Strahlen der Sonne auf die Erdoberfläche auftreffen, desto stärker ist die Erwärmung der Erde.

4. Betrachte **Abbildung 3** und ergänze die vier Sätze:

Bei einem Einfallswinkel von **90°** erreichen ___% der Strahlung die Erde.

Bei einem Einfallswinkel von **50°** erreichen ___% der Strahlung die Erde.

Bei einem Einfallswinkel von **30°** erreichen ___% der Strahlung die Erde.

Bei einem Einfallswinkel von **10°** erreichen ___% der Strahlung die Erde.

Achtung Experiment!

Um die Zusammenhänge der **Erderwärmung in unterschiedlichen Breiten** zu veranschaulichen kannst du selbst ein einfaches Experiment durchführen. Du benötigst dazu die folgenden Materialien und Geräte: **Wärmestrahler, Stativstange, Doppelmuffen, Thermometer, flaches Gefäß (aus Holz oder festem Karton), Erde oder Sand, Maßstab, Tonnenfüße**

Hinweis: *Verwende kein Gefäß aus Plastik, da es bei der starken Erwärmung schmilzt.*

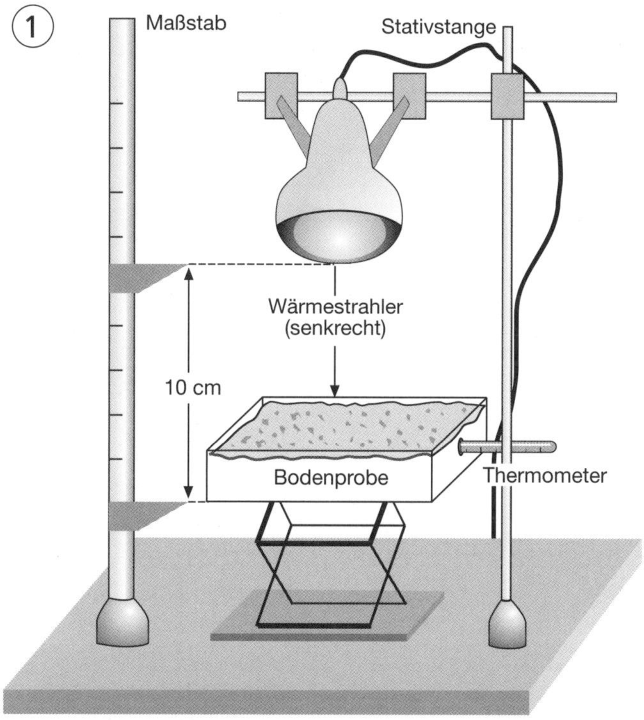

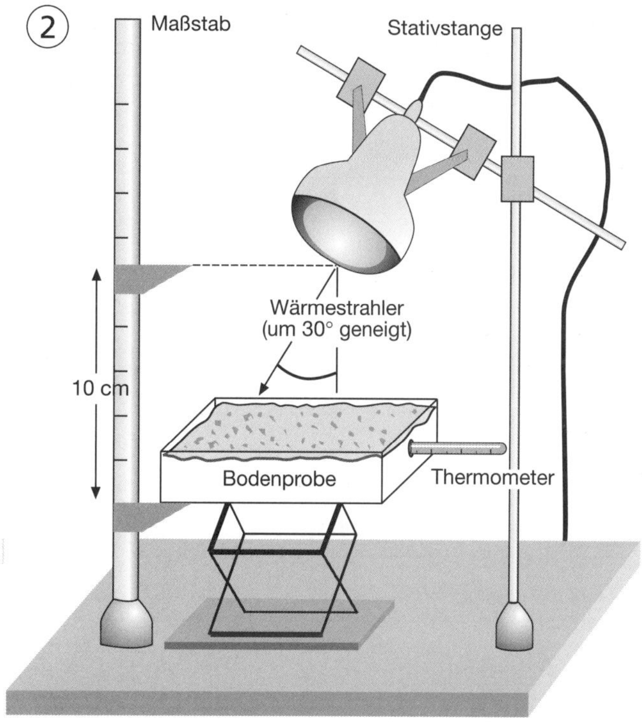

Versuchsdurchführung:

Bohre ein Loch in eine Seitenwand des Gefäßes. Stecke das Thermometer hindurch und fülle das Gefäß etwa 5 cm hoch mit einer Bodenprobe (Erde oder Sand). Das Thermometer muss bedeckt sein. Befestige den Wärmestrahler so (siehe Skizze 1), dass er im Abstand von 10 cm **senkrecht** über der Bodenprobe hängt. Lies die Temperatur vor dem Einschalten des Strahlers ab. Nach dem Einschalten des Strahlers solltest du die Temperatur für die Dauer von fünf Minuten nach jeweils einer Minute ablesen. Notiere dir die gemessenen Werte in der Tabelle.

Befestige anschließend die Stativstange mit dem Wärmestrahler unter einem Winkel von 30 Grad (siehe Skizze 2). Fülle eine neue Bodenprobe (gleiche Zusammensetzung wie bei Versuch 1) ins Gefäß oder lass die erste Bodenprobe mit dem Wärmestrahler abkühlen, bis die alte Ausgangstemperatur erreicht ist. Beginne dann die zweite Messreihe. Notiere dir wiederum für die Dauer von fünf Minuten die Temperatur und vergleiche mit den ersten Messwerten.

Du kannst weitere Versuche mit anderen Einfallswinkeln durchführen.

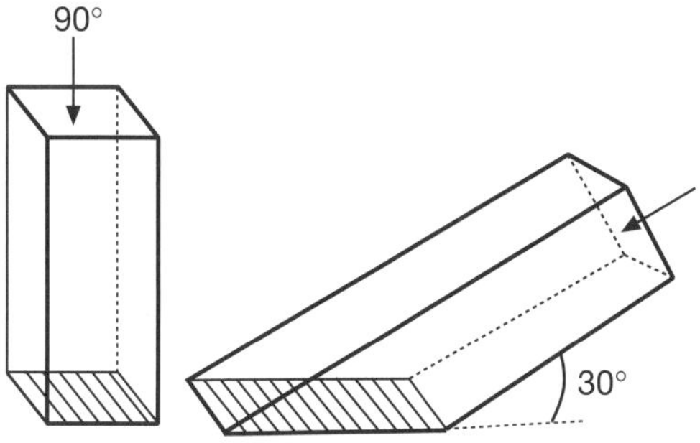

Messwerte:

Zeit	Temperatur der Sand- bzw. Erdprobe	
(in Minuten)	Wärme trifft senkrecht auf	Wärme trifft unter 30° auf
0		
1		
3		
4		
5		

6 Prima Klima: Zone und Diagramm

Da die Erwärmung der Erdoberfläche vom **Einfallswinkel der Sonneneinstrahlung** und damit der **Länge des Weges der Strahlen durch die Atmosphäre** abhängt, ändert sich entsprechend der geographischen Breite eines Ortes. So lässt sich jeder Ort nach seiner geographischen Lage einer **Klimazone** zuordnen. Die Klimazonen ziehen sich wie Gürtel um die Erde.

Die Polarzonen
(Kennfarbe blau)
Dort, wo es das ganze Jahr über kalt ist und der Niederschlag als Schnee fällt, liegen die beiden Polarzonen. Diese werden von den **Polarkreisen** (. . , . ° Nord und . . , . ° Süd) begrenzt. Hauptkennzeichen sind ständige Schnee- und Eisdecke sowie Dauerfrostboden.

Staaten: ______________________

____

Die gemäßigten Zonen
(Kennfarbe grün)
Ihre Kennzeichen sind gemäßigte Temperaturen, ganzjährige Niederschläge und Jahreszeiten.
Ihre ungefähre Lage ist zwischen . . ° und 60° Nord sowie . . ° und 60 ° Süd.

Staaten: ______________________

____

Die tropische Zone
(Kennfarbe rot)
Hier ist es das ganze Jahr über warm, es fallen hohe Niederschläge und es gibt keine Jahreszeiten. Diese Zone erstreckt sich in der Umgebung des Äquators vom **nördlichen** bis zum **südlichen Wendekreis**, also zwischen . . , . ° Nord und . . , . ° Süd.

Staaten: ______________________

____

1. Setze mithilfe der Angaben in der Abbildung die Zahlenwerte zu der geographischen Lage der Klimazonen in den Texten ein.

2. Ordne – soweit möglich – jeder Klimazone je drei Staaten auf der Nord- und Südhalbkugel zu (Atlaskarte: Staaten).

3. Male die Klimazonen wie angegeben mit Buntstiften aus.

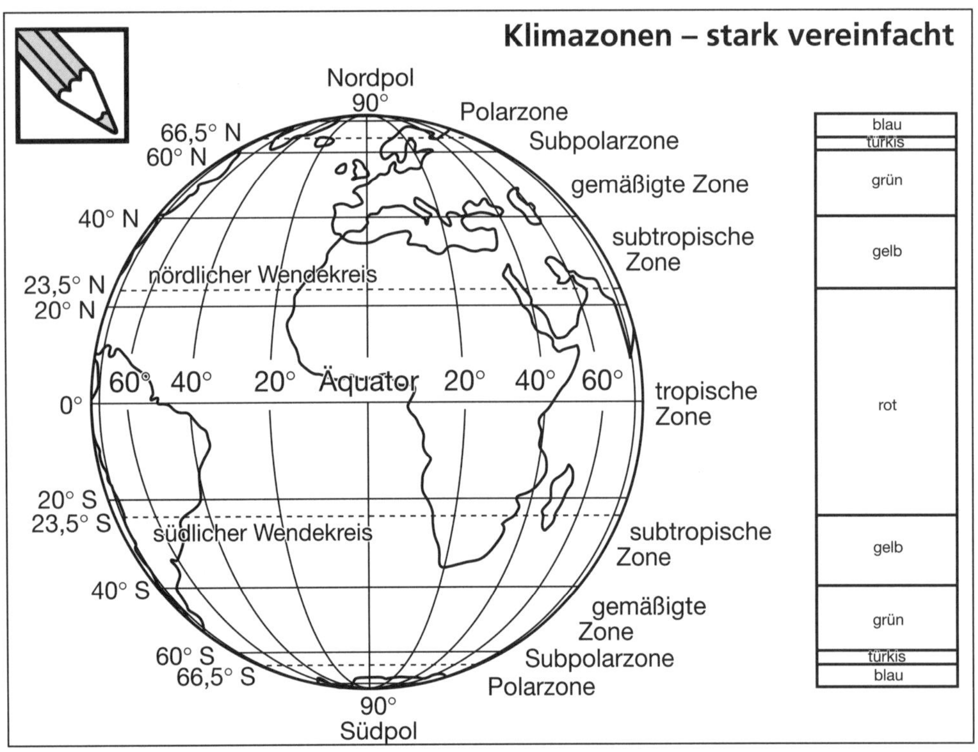

Je nach Temperatur- und Niederschlagsverhältnissen unterscheiden wir nach einer groben Einteilung **fünf Klimazonen.** Diese finden sich spiegelbildlich auf beiden Halbkugeln der Erde. Neben drei Hauptklimazonen gibt es zwei **Übergangszonen**. Sie haben die Vorsilben „sub", was soviel wie „unter, unterhalb" heißt.

Die Subpolarzonen
(Kennfarbe türkis)
Zwischen den Polarzonen und den gemäßigten Zonen liegen die Subpolarzonen. Sie erstrecken sich etwa zwischen . . ° Nord und dem nördlichen Polarkreis sowie . . ° Süd und dem südlichen Polarkreis.

Staaten: ______________________

____

Die subtropischen Zonen *(Kennfarbe gelb)*
Diese warmen Zonen mit Jahreszeiten liegen zwischen den gemäßigten und der tropischen Zone. Die subtropischen Zonen erstrecken sich zwischen dem nördlichen Wendekreis und . . ° Nord sowie zwischen dem südlichen Wendekreis und . . ° Süd.

Staaten: ______________________

____

Wir sprechen vom **Wetter**, wenn wir den augenblicklichen oder den zu einem bestimmten Zeitpunkt herrschenden, veränderlichen Zustand in der uns umgebenden Luft meinen. Die an einem Ort **langfristig beobachteten** und **vorherrschenden Witterungsverhältnisse** und die für ihn kennzeichnenden Bedingungen in der Atmosphäre nennen wir **Klima**. Die Erforschung der Atmosphäre sowie die Deutung und Voraussage der Wetterentwicklung sind Aufgaben der Meteorologie. Meteorologen müssen vor allem über die Grundelemente des Wetters und des daraus resultierenden Klimas Bescheid wissen: **Temperatur, Luftdruck und Winde, Luftfeuchtigkeit, Bewölkung und Niederschläge.** Die langjährigen, oft jahrzehntelangen Beobachtungen der Wetterelemente an einem Ort sind die statistische Grundlage von **Klimadiagrammen**. Diese sind eine zeichnerische Darstellungsform der Temperatur- und Niederschlagsverhältnisse an einem bestimmten Ort der Erde.

Klimadiagramme enthalten viele Informationen

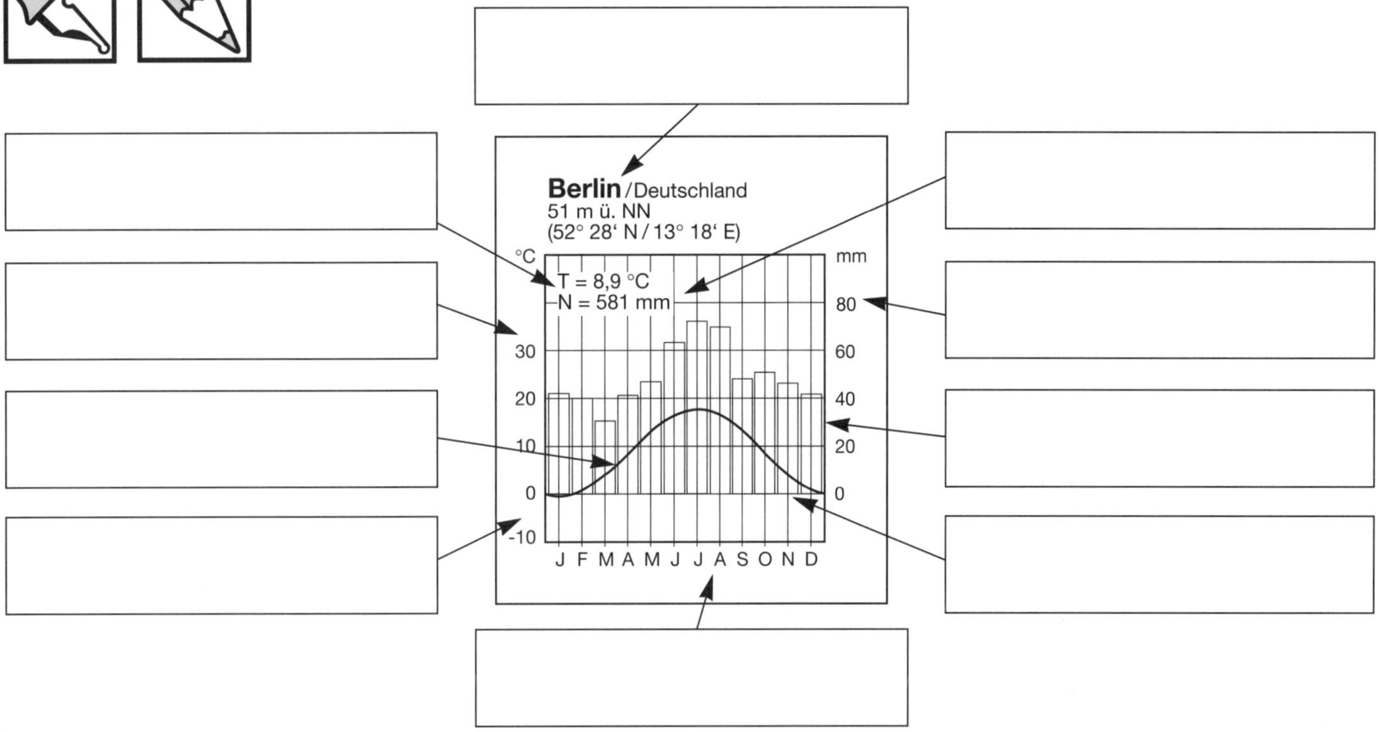

4. Setze diese Informationen in das Diagramm an der richtigen Stelle ein. Male die Niederschlagssäulen blau aus, zeichne die Temperaturkurve rot nach.

Name und Lage der Klimastation; Höhe über dem Meeresspiegel und Lage im Gradnetz

Jahresmitteltemperatur: T *(gemittelte Temperatur der Monatstemperaturen)*

Skala für Temperaturwerte in Grad Celsius (°C)

Jahresniederschlag: N *(Summe der monatlichen Niederschläge)*

Skala für Niederschlagswerte in Millimeter (mm)

Niederschlagssäulen

Null-Linie

Anfangsbuchstaben der Monate von Januar bis Dezember

Temperaturbereich unter 0° für Orte mit Minusgraden

Temperaturkurve

5. Zeichne das Klimadiagramm zu folgendem Ort:

Ouagadougou / Burkina Faso
304 m ü. NN
(21° 21' N / 1° 31' W)

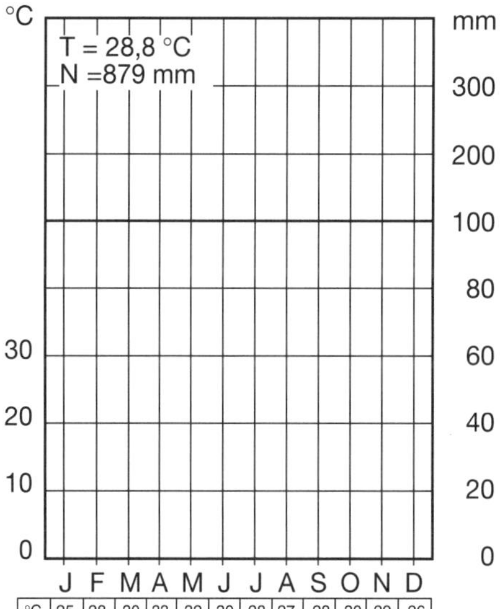

°C	25	28	30	33	32	30	28	27	28	30	29	26
mm	0	2	6	21	87	118	187	269	150	38	1	0

8 Polar + Subpolar – die Kälte regiert

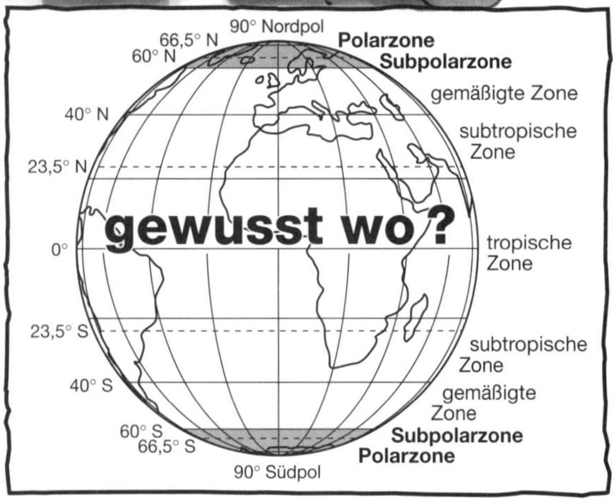

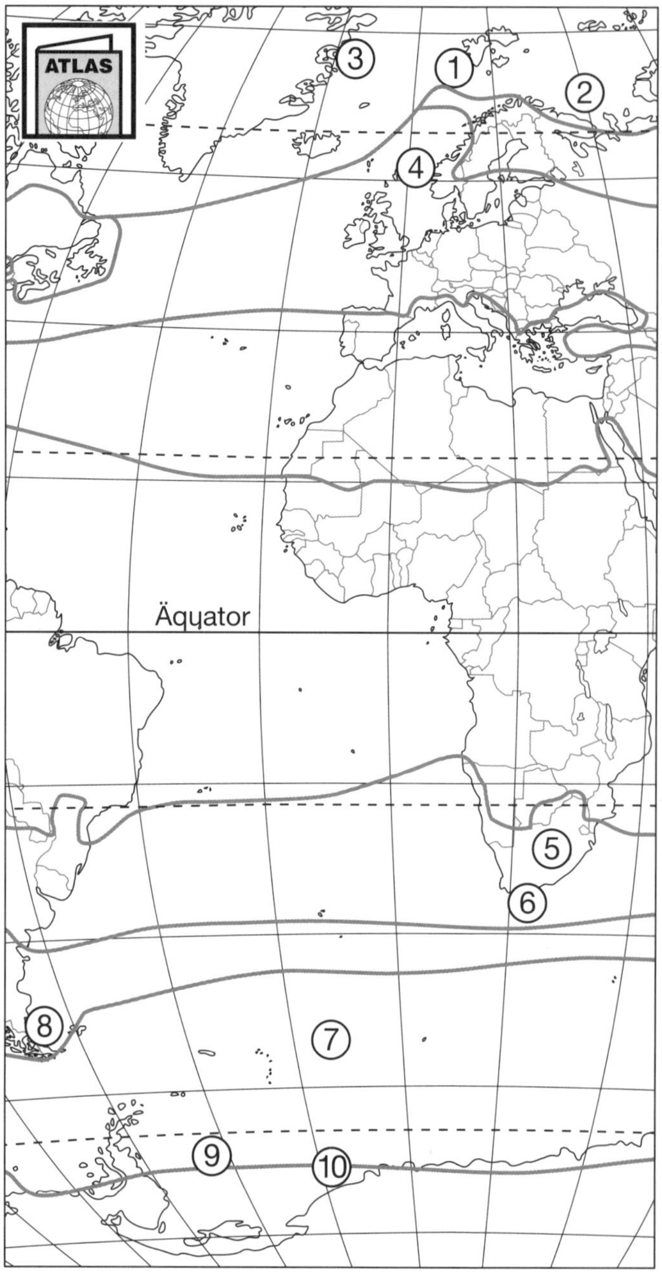

1. Ordne die Zahlen in der Karte den richtigen Textstellen zu.

Unterwegs mit der Polarstern

Die Polarstern, ein Schiff der deutschen Forschungsflotte, ist von Pol zu Pol unterwegs. Sie ist Eisbrecher, Labor und Rechenzentrum. Auf ihr befinden sich Meeresbiologen, Wetterkundler und andere Wissenschaftler.

„An 300 Tagen im Jahr sind wir im Nordpolar- oder Südpolargebiet im Einsatz. In ( ) **Norwegen**, ( ) **Südafrika** oder ( ) **Argentinien** wechseln wir Crew und Passagiere aus und fahren je nach Saison im ( ) **Weddellmeer** oder der ( ) **Barentssee**", sagt Kapitän Lothar Suhrmeyer.

Auch von Krisensituationen kann er berichten: „Letzten Sommer fuhren wir zwischen ( ) **Spitzbergen** und ( ) **Grönland** nach Norden. Vier Wochen hatte sich der Eisbrecher schon durch das Packeis gekämpft, das zuletzt fast vier Meter dick war, so dick, dass es auch durch unsere 16 000 t Stahl nicht mehr zu zermalmen war.

Während einer Rückfahrt von der ( ) **Antarktis** musste sich unsere Polarstern im ( ) **Südatlantik** durch mehrere Stürme kämpfen: Bei acht Meter hoher See und Sturmböen bis Windstärke 12 fegten riesige Gischtwalzen über die Decks. Alle Mann an Bord waren froh, als wir schließlich das ( ) **Kap der Guten Hoffnung** sichteten."

2. Zeichne die Temperaturkurve der Antarktis-Station:

	J	F	M	A	M	J	J	A	S	O	N	D
°C	-1	-4	-8	-12	-13	-16	-17	-19	-17	-13	-6	-1

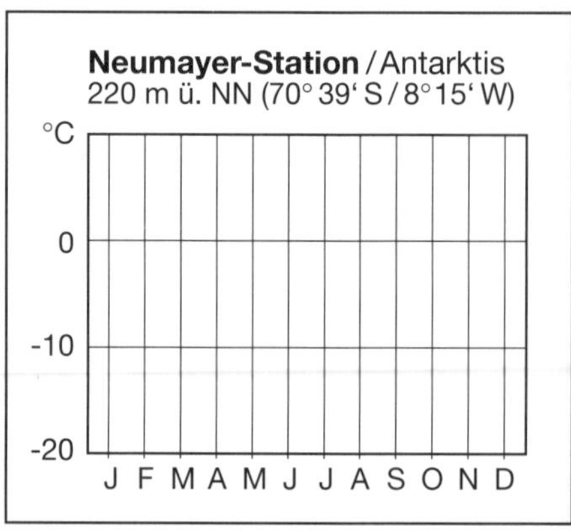

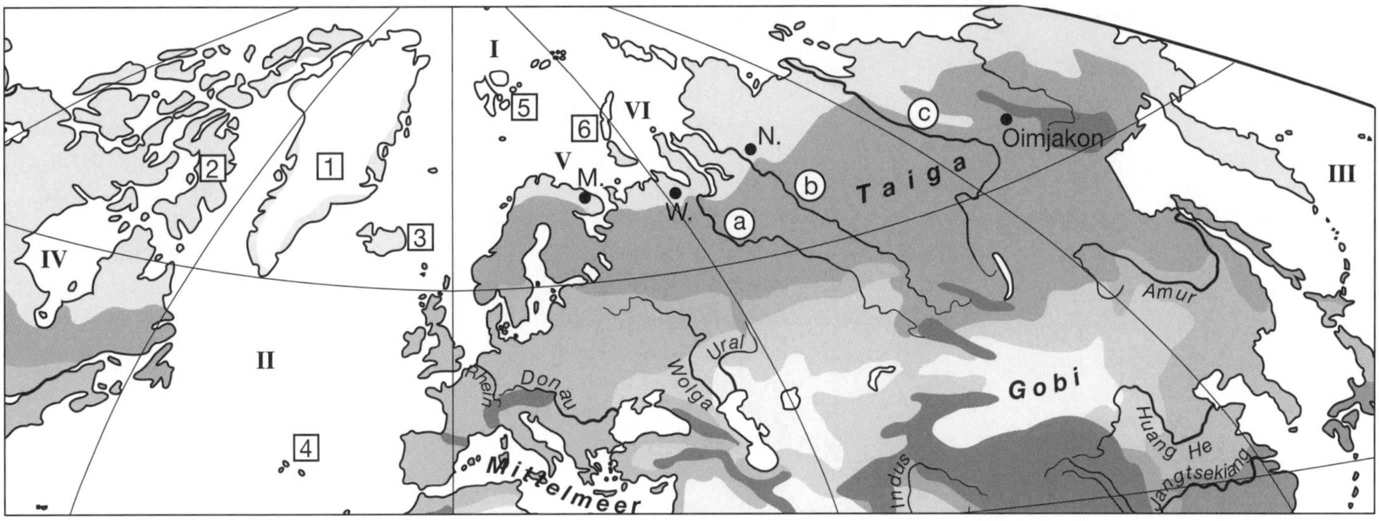

Die Tundra

3. Setze in den Text ein:
südlich – Sommern – Auftauboden – Wärmeeinstrahlung – Polarsommer – Europa – Polarkreises – Alaska

Die Tundra ist eine Landschaftszone (fast nur) der Nordhalbkugel. In __________ und Asien erstreckt sich ein 100 – 1000 Kilometer breiter Tundrengürtel, vor allem nördlich des ______________. In Nordamerika zieht sich ein bis zu 2000 km breiter Tundrengürtel über __________ und Nordkanada bis weit __________ des Polarkreises. Die Tundra ist das Gebiet des Dauerfrostbodens. Nur in den kurzen __________ taut von Juli – August der Boden 50–80 cm tief auf. Dabei entsteht feuchter, sumpfiger __________________. Wegen der zu geringen ________-______________ können große Pflanzen und Bäume nicht mehr gedeihen. Lediglich anspruchslose Pflanzen mit flachen Wurzeln wie Flechten, Moose, Gräser, Kräuter und Zwergsträucher können im kurzen ___________________ wachsen.

4. Bestimme in der Karte alle Meere bzw. Randmeere, Inseln / Inselgruppen, Flüsse und drei Großstädte nördlich des Polarkreises.

drei Großstädte nördlich des Polarkreises	
M.	
W.	
N.	
Meere / Randmeere / Bucht	
I	
II	
III	
IV	
V	
VI	

Flüsse	
ⓐ	
ⓑ	
ⓒ	
Inseln / Inselgruppen	
1	
2	
3	
4	
5	
6	

Die Taiga – der größte Wald der Welt

Die Subpolarzone mit ihren langen, sehr kalten Wintern ist auf der Nordhalbkugel der Erde die **Zone der nördlichen Nadelwälder.** Im Gebiet Sibiriens (östlich des Urals liegender Teil von Russland) werden diese schier unendlichen Wälder als Taiga bezeichnet. Hier liegt die Stadt Oimjakon, eine der kältesten Städte der Welt.

5. Lies die Klimawerte von Oimjakon in der Taiga und beantworte die folgenden Fragen.

Oimjakon / Russland 740 m ü. NN
(63° 16′ N/143° 09′ E)

		J	F	M	A	M	J	J	A	S	O	N	D
t	°C	-50	-44	-32	-15	-2	11	15	10	2	-15	-26	-47
N	mm	7	6	5	4	10	37	40	37	20	12	11	9

- Wie viele Monate liegen im Durchschnitt unter 0°C? _____ Monate
- Welche Monate kann man anhand der Temperaturen als Frühlings- und Herbstmonate bezeichnen? _______________
- Wie lange dauert der subpolare Sommer und welche Höchsttemperatur wird erreicht? ___ Monate, ___°C
- Wie groß ist der Temperaturunterschied zwischen dem wärmsten und kältesten Monat in Oimjakon? ___ °C

10 Wo wachsen die Pommes?

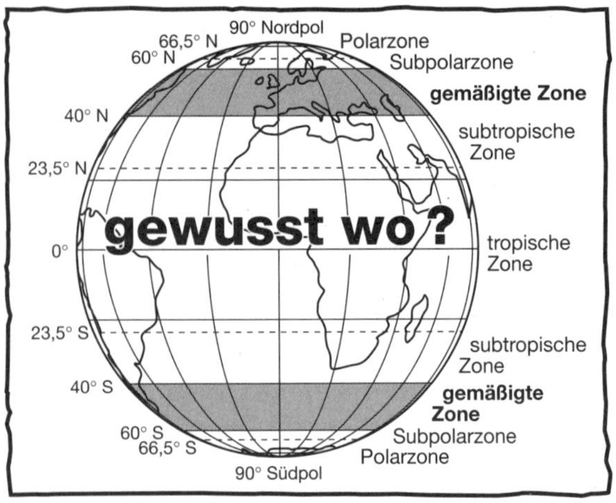

Eine Frage, die auf die heutigen Ackerbaugebiete mit **gemäßigtem Klima** hinweist. Nicht zu kalte Winter und warme, aber nicht zu heiße Sommer mit ausreichenden Niederschlägen sind die Kennzeichen der **gemäßigten Zone.** Wo sich einstmals Eichen-, Buchen-, Laub- und Mischwälder ausdehnten, liegen in der gemäßigten Zone heute die Anbaugebiete für zahlreiche Nutzpflanzen, allen voran die Getreidearten Weizen, Roggen, Gerste, Hafer und Mais. Aber auch die Kartoffel ist eine Nutzpflanze, die vor allem in den Staaten der nördlichen gemäßigten Zone eine sagenhafte Erfolgsgeschichte hat. Zwischen Februar und April gesetzt, genügt ihr ein karger Boden, angereichert mit etwas Stickstoff, um tolle Knollen zu produzieren – der Stoff aus dem die Pommes sind.

1. Im Juni ist die Zeit der Kartoffelblüte. Schau dir einmal ein blühendes Kartoffelfeld an und schreibe auf, welche Farben die Kartoffelblüte hat.

____

____

____

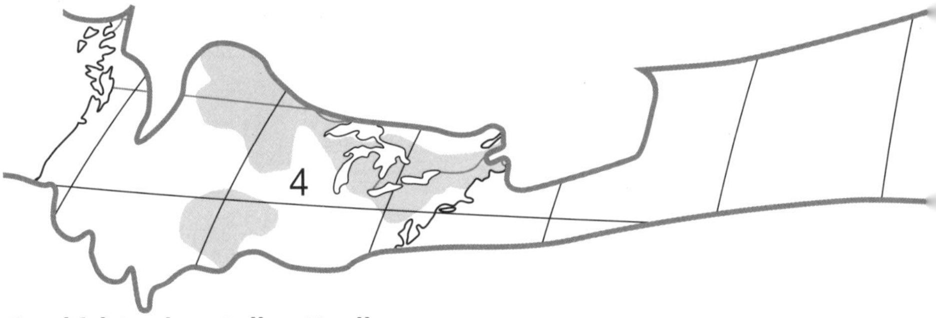

Geschichte einer tollen Knolle

Sie heißen unter anderem Bintje, Matilda oder Charlotte und weltweit zählt man 3500 gezüchtete sowie 1500 wilde Formen. Gemeint ist ein genügsames, aber empfindliches Nachtschattengewächs, die Kartoffel. „Das Gold der Erde" nannten sie die Inkas, denn der Ursprung der Kartoffel liegt in den südamerikanischen Anden vor 6000 Jahren. Im 16. Jahrhundert brachten spanische und englische Eroberer die Kartoffel in die gemäßigte Zone nach Europa; trotzdem dauerte es noch fast 200 Jahre, bis sie wirtschaftlich an Bedeutung gewann. Schwerpunkt des deutschen Kartoffelanbaus war zunächst das Königreich Preußen. Friedrich der Große, der „Alte Fritz", erließ 1756 den berühmten „Kartoffelbefehl", der die Bauern zum Anbau der Kartoffel zwang. Heute ist Deutschland der größte Kartoffelproduzent in der EU, doch bei weitem nicht der größte „Kartoffelstaat" in der gemäßigten Zone.

3. In der Tabelle siehst du das Ernteergebnis der 11 größten Kartoffelproduzenten in der nördlichen gemäßigten Zone. Bestimme diese mithilfe der Staatenkarte der Erde.

Kartoffelernte 1999 (nach FAO) (in Mio. t)	
1 VR C _ _ _ _	43,5
2 R _ _ _ _ _ _ _ _	31,4
3 P _ _ _ _	26,2
4 U _ _	21,4
5 U _ _ _ _ _ _	15,4
6 D _ _ _ _ _ _ _ _ _ _ _	12,1
7 W _ _ _ _ _ _ _ _ _ _ _ _ _	10,0
8 N _ _ _ _ _ _ _ _ _ _ _	7,7
9 F _ _ _ _ _ _ _ _ _ _	6,5
10 R _ _ _ _ _ _ _ _ _	4,2
11 J _ _ _ _ ä = ae	3,4

2. Auf der Südhalbkugel der Erde liegt eine geringe Festlandsfläche in der gemäßigten Zone. Nur vier Staaten haben einen Anteil daran. Bestimme diese mithilfe der Staatenkarte der Erde.

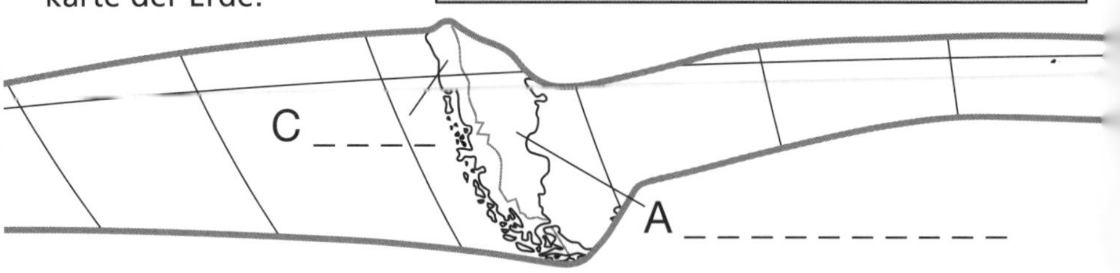

ɛckung ähnlich ist. Sie heißen etationszonen. der Landnutzung richten sich die ıschen weitgehend nach den prüchen, die die verschiedenen Nutzpflanzen an Temperaturen, Niederschläge und Böden haben. Weizen, Hirse, Reis, Zuckerrohr, Bananen u. a. können daher nur dort ertragreich angebaut werden, wo die natürlichen Anbaubedingungen passen.

Ähnlich den Vegetationszonen auf der Erde gibt es auch klimatische Anbauzonen für vielerlei Nutzpflanzen.

Wüste (Sandwüste)
Algerien

⑦ **Dornstrauchsavanne**
Niger

⑧ **Trockensavanne**
(Schirmakazien)
Kenia

⑨ **Feuchtsavanne**
Ruanda

⑩ **Tropischer Regenwald**
Amazonasgebiet/Brasilien

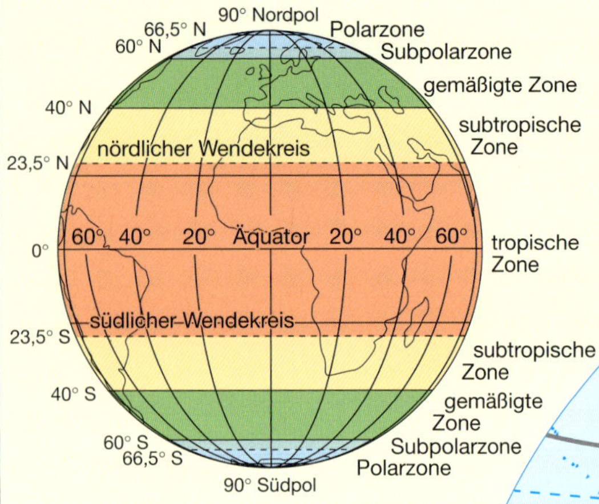

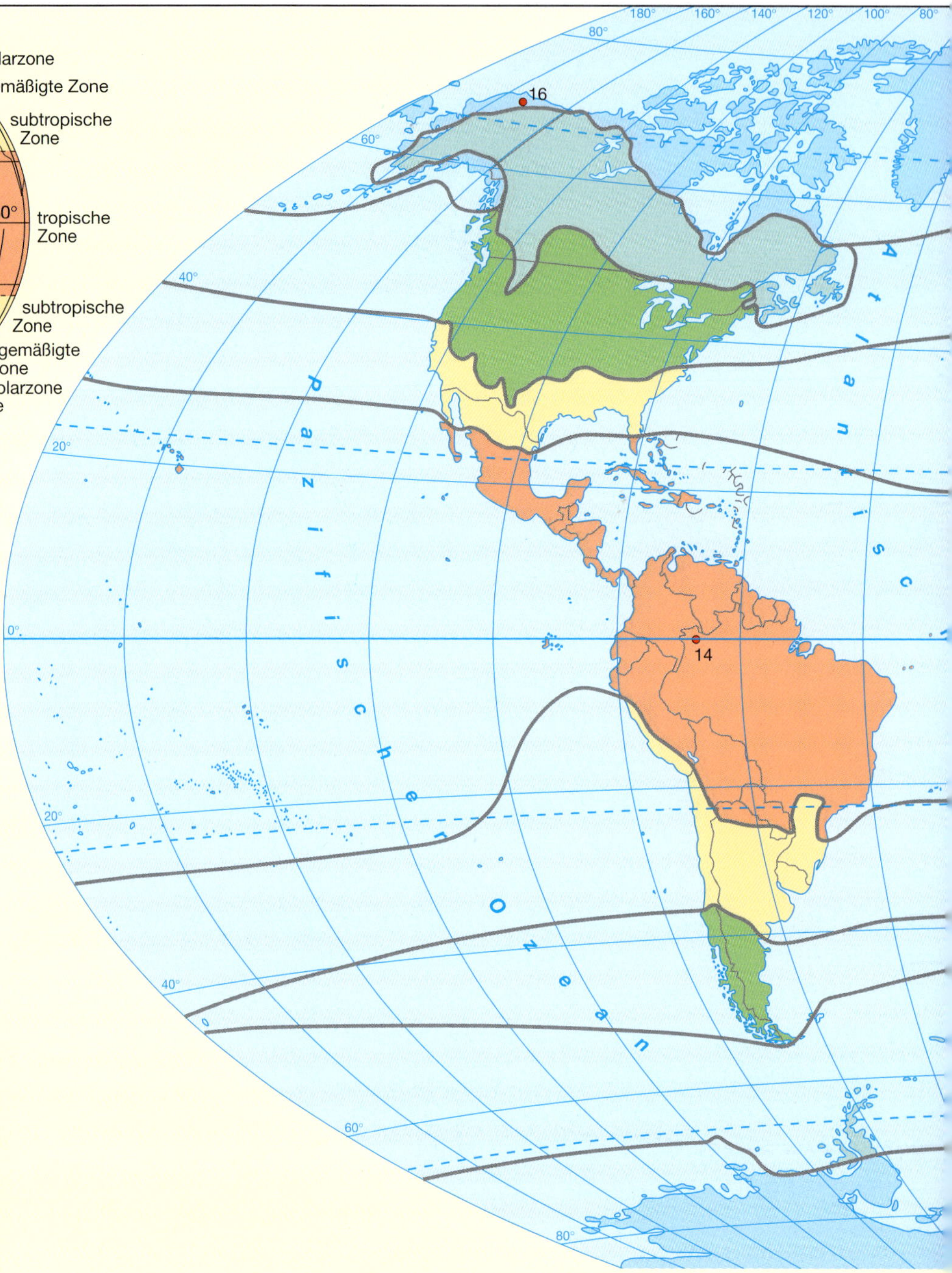

Legende

- Polarzone
- Subpolarzone
- gemäßigte Zone
- subtropische Zone
- tropische Zone

Grenze einer Klimazone

Ausgebeulte Klimazonen – schon gewusst?
Klimazonen verlaufen nicht immer parallel zu den Breitengraden. An vielen Stellen sind sie „ausgebeult". Dafür gibt es mehrere Ursachen: die unterschiedliche Lage und Verteilung der Festlands- bzw. Meeresflächen, das Vorhandensein warmer und kalter Meeresströmungen sowie die Lage und Verteilung der Gebirge.

Klimadiagramme

— Temperatur ▌Niederschlag

Polarzone

Barrow / USA 7 m ü. NN
(71°17'N / 156°34'W)

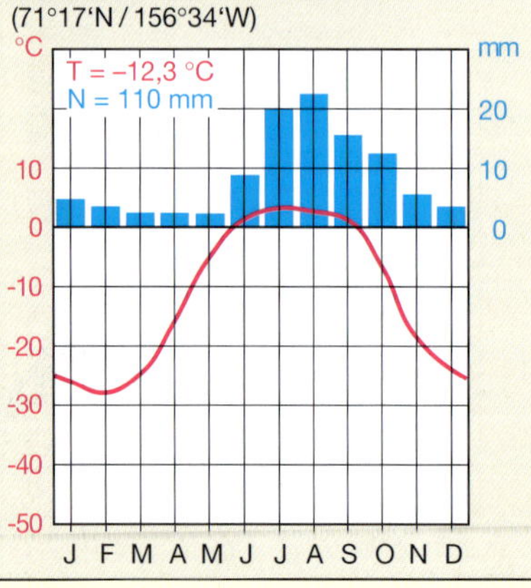

Subpolarzone

Jakutsk / Russland 100 m ü. NN
(63°46'N / 121°37'E)

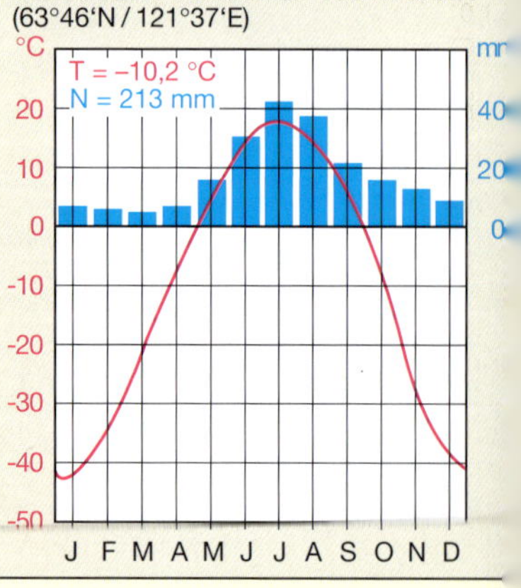

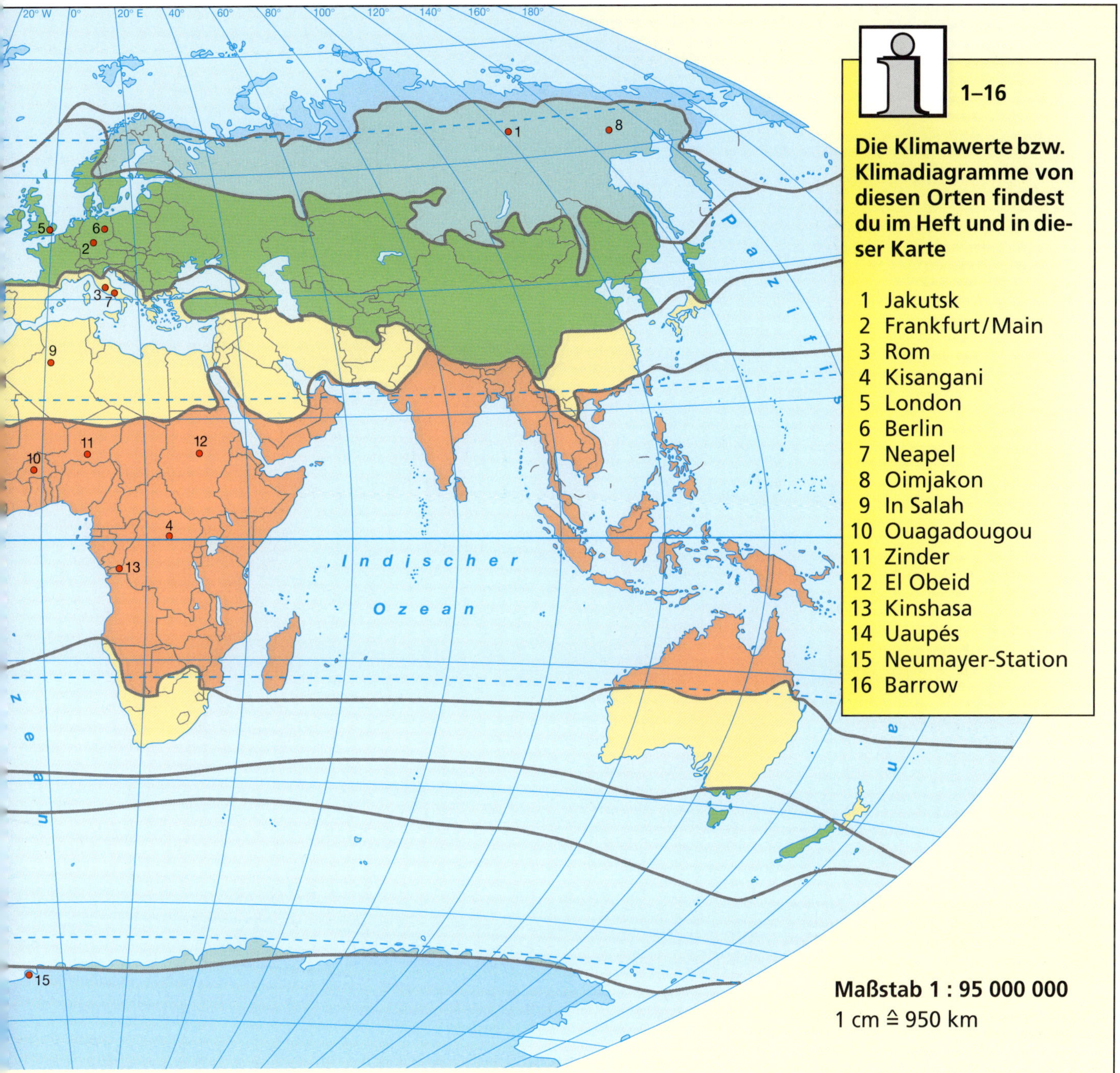

1–16

Die Klimawerte bzw. Klimadiagramme von diesen Orten findest du im Heft und in dieser Karte

1 Jakutsk
2 Frankfurt/Main
3 Rom
4 Kisangani
5 London
6 Berlin
7 Neapel
8 Oimjakon
9 In Salah
10 Ouagadougou
11 Zinder
12 El Obeid
13 Kinshasa
14 Uaupés
15 Neumayer-Station
16 Barrow

Maßstab 1 : 95 000 000
1 cm ≙ 950 km

gemäßigte Zone

Frankfurt / Deutschland 103 m ü. NN
(50°07'N / 8°39'E)

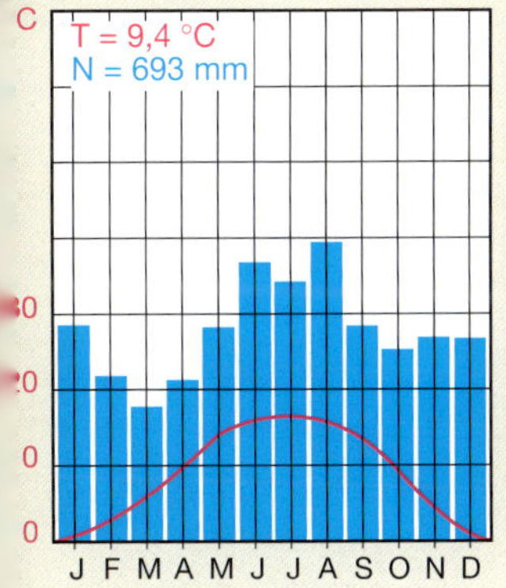

subtropische Zone

Rom / Italien 14 m ü. NN
(41°54'N / 12°29'E)

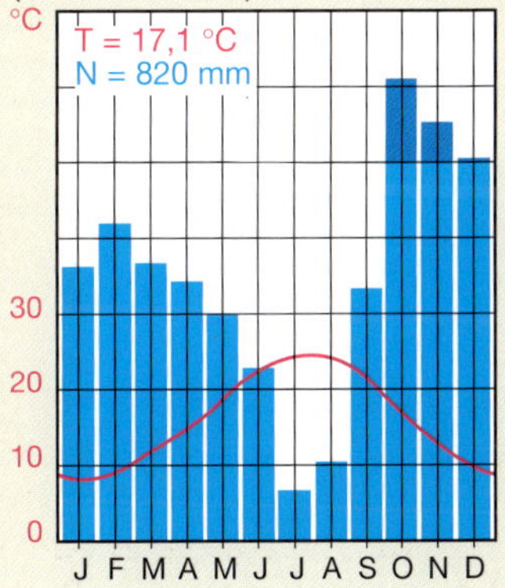

tropische Zone

Kisangani / D.R. Kongo 415 m ü. NN
(0°52'N / 25°18'E)

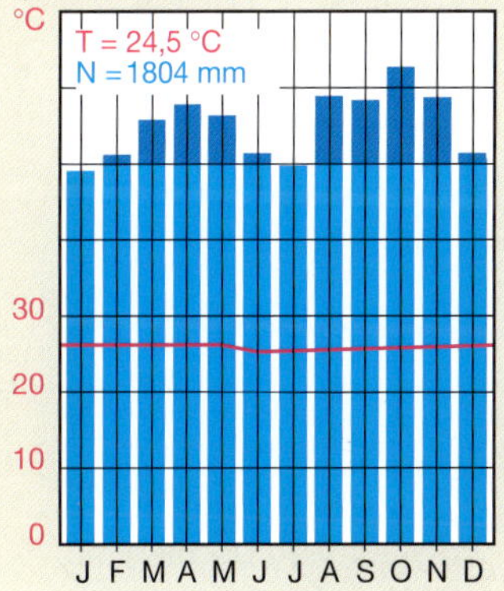

2 Erde – natürliche Vegetationszonen/Anbaugürtel

Vegetationszonen

- polare Kältewüste
- Tundra
- nördlicher Nadelwald (borealer Nadelwald) und Gebirgsnadelwald
- sommergrüner Laub- und Mischwald sowie Feuchtwald der gemäßigten Zone
- Steppe und Hochgebirgsgrasland
- Hartlaubgehölze im Winterregengebiet
- Halbwüste und Wüste
- Dornstrauch- und Sukkulentensavanne
- Trockensavanne, z.T. tropischer Trockenwald
- Feuchtsavanne
- tropischer Regenwald und feuchter Monsunwald

- Südgrenze des Dauerfrostbodens
- Nord- und Südgrenze des Getreideanbaus

Verbreitungsgebiete von Nutzpflanzen

vorherrschender Anbau von

- Weizen (auch Kartoffeln)
- Mais (auch Kartoffeln)
- Kartoffeln, Gerste, Roggen, Hafer
- Reis (Nassfeldbau)
- Hirse
- Zuckerrohr
- Bananen
- Kaffee
- Kakao
- Tee
- Baumwolle

Fischfanggebiete

- Hauptfischfang im Bereich der kalten Meere

Klima, Vegetation und der Anbau von Nutzpflanzen passen zusammen.

Mit der Wüste verbinden wir Wassermangel und Vegetationsarmut. Der tropische Regenwald weckt Bilder von undurchdringlichen Wäldern, Schlingpflanzen, Lianen und Baumriesen. Moose und Flechten erinnern an die Tundra der kalten Zone. Die Vegetation (Pflanzenwelt) hat sich den Klimazonen angepasst. Ent-sprechend den unterschiedlichen Klimazonen auf der Erde gibt es da-auch Zonen, in denen die Pflanzen-

① **Tundra** Nordkanada

② **Nördlicher Nadelwald** (Taiga) Russland

③ **Sommergrüner Laub- und Mischwald** (Buchen) Deutschland

④ **Steppe und Hochgebirgsgrasland** (Halfagras) Nordalgerien

⑤ **Hartlaubgehölze im Winterregengebie** (Macchie) Südkalifornien

4. Prüfe in der Handkarte nach, welche Getreidearten in der „Kartoffelzone" bevorzugt angebaut werden.

5. Suche in der Handkarte nach vorherrschendem Anbau von Weizen und Mais. Bestimme die Anbaustaaten dieser Nutzpflanzen der gemäßigten Zone.

Mais

Weizen

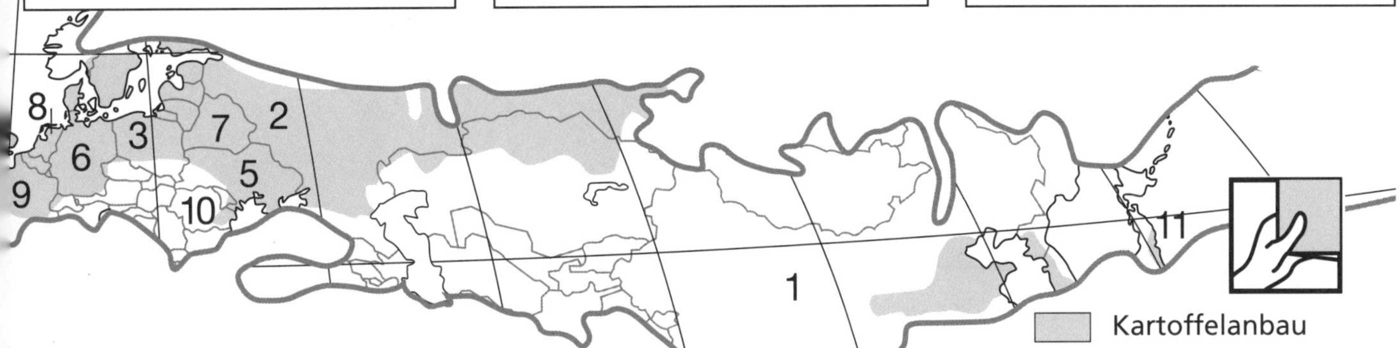

6. Schreibe weitere 11 Kartoffelstaaten der nördlichen gemäßigten Zone in die Pommestüte.

London – typisch gemäßigtes Klima

7. Zeichne mit den Temperatur- und Niederschlagswerten von London ein Klimadiagramm.

London / Großbritannien 5 m ü. NN
(51° 28′ N / 0° 19′ W)

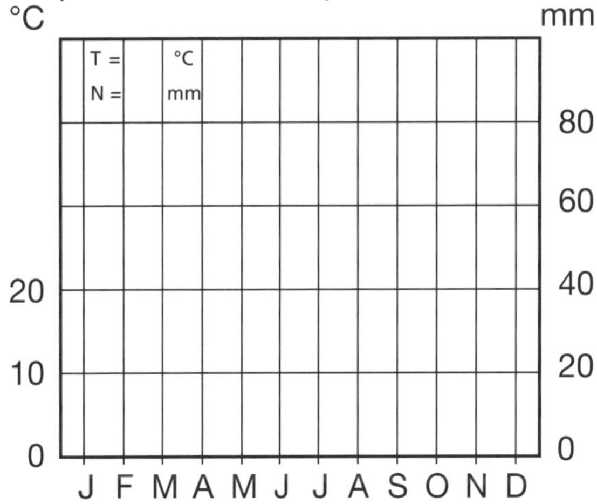

°C	4	5	7	9	13	17	18	17	15	11	8	5
mm	54	40	37	37	46	45	57	59	49	57	64	48

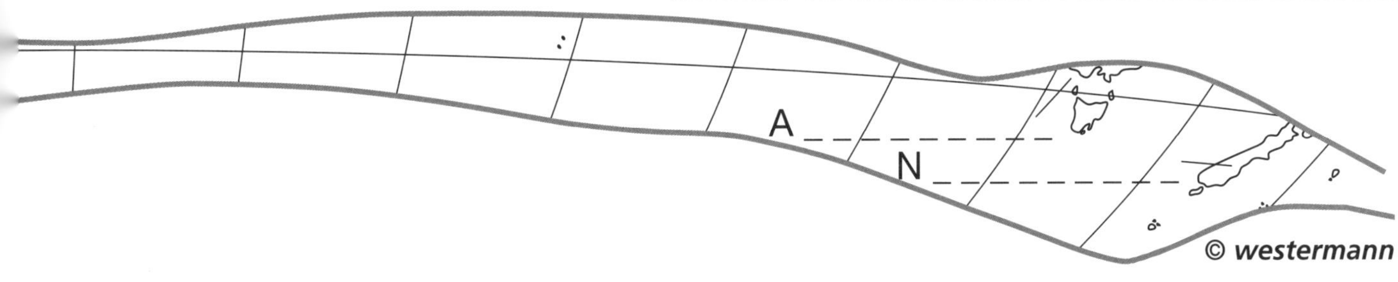

12 Zypressen und Zitronen am Mittelmeer

Die subtropische Zone umfasst im Erscheinungsbild und im Hinblick auf die Pflanzendecke zwei völlig verschiedene Zonen. Rund um das Mittelmeer liegt eine Zone mit regenreichen, milden Wintern und trocken-heißen Sommern. Sie erstreckt sich von Südeuropa bis zur Nordküste Afrikas. Kennzeichen dieser Zone des Mittelmeerklimas sind die hier wachsenden Hartlaubgewächse sowie zahlreiche andere typische Mittelmeerpflanzen. Zu den Subtropen gehört weiterhin sich ein an die Mittelmeerzone anschließender Übergangsbereich der Halbwüsten und Wüsten. Über diesen Bereich der Subtropen kannst du dich auf den Seiten 14/15 informieren.

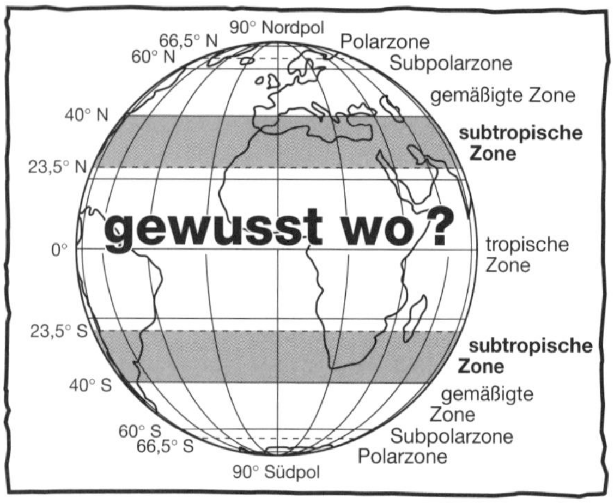

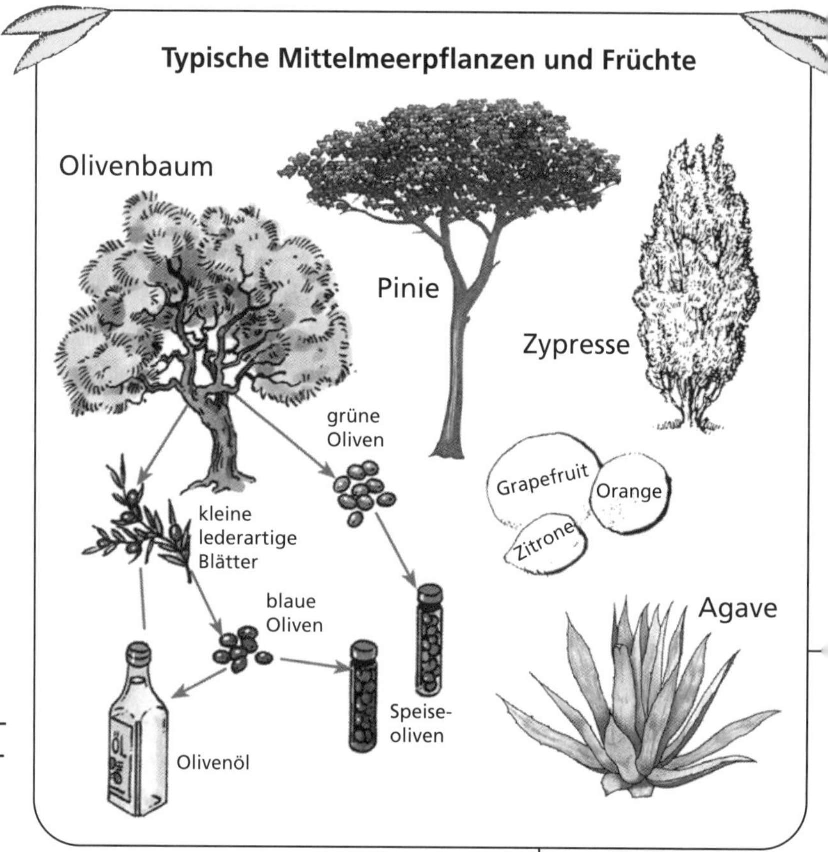

1. Ergänze mithilfe der Abbildung den Lückentext:
Klima – gemäßigten – wasserspeichernden – Hartlaubgewächse – Mittelmeerlandschaft – Früchten – Pinien – Zitruspflanzen – Charakterpflanze – lederartig – Eichen – Zypressen

Mittelmeerklima und Mittelmeerpflanzen gehören zusammen

Dem ___________ entspricht die Pflanzenwelt. Die Laubbäume der ________________ Zone können die sommerliche Hitze und Trockenheit nicht überstehen. _________ und Ahorn gedeihen nur auf kühleren und feuchteren Höhen. Sonst wachsen im Mittelmeerraum die ___________ mit ihren schirmartigen Kronen und die schlanken, dunkelgrünen ____________. Sie geben der Landschaft ein südländisches Aussehen. Fast alle Pflanzen haben kleine Blätter. Ihre Oberfläche ist hart und _______________. So sind die Pflanzen gegen zu starke Verdunstung geschützt. Man nennt sie ________________________. Zum Bild der ____________________________ gehören z. B. die mannshohen Agaven mit ihren dickfleischigen, ___________________ und stacheligen Blättern. Zu den typischen Mittelmeerpflanzen zählen auch der Lorbeer, die Myrte, der rotblühende Oleander und der Olivenbaum. Dieser Baum ist die ______________________ der Mittelmeerländer. Er verträgt keinen Frost und liebt die Sonne. Aus seinen ___________ wird Olivenöl gepresst. Zitronen- und Orangenbäume sowie andere Arten von _______________, die heute rund ums Mittelmeer wachsen, sind vor mehr als 1000 Jahren aus Asien hierher verpflanzt worden.

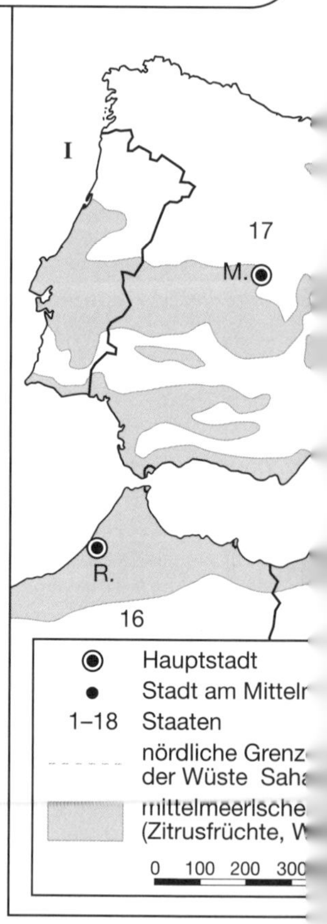

2. Winterregengebiete mit Hartlaubgehölzen findet man auch in Kalifornien (USA) sowie in diesen drei Staaten der südlichen Halbkugel:

C_ _ _ _ , S_ _ _ _ _ _ _ _ _ , N_ _ _ _ _ _ _ _ _

3. Ergänze die Tabellen mithilfe der Karte.

Meere
I
II
III

Inseln/Inselgruppe/Inselstaat
1
2
3
4
5
6
7

Staaten rund ums Mittelmeer		
	Staat	Hauptstadt
1		
2		
3		
4		
5		
6		
7		
8		
9		
10		
11		
12		
13		
14		
15		
16		
17		
18		

4. Stelle fest, um welchen Ort es sich bei dem Buchstaben N. in der Karte handelt. Lies die Klimawerte dieser Hafenstadt am Mittelmeer. Berechne die **Jahresdurchschnittstemperatur (T)** sowie den **Jahresniederschlag (N).**

(Stadt) ______________ **/ (Staat)** ____________ **25 mm ü. NN**

T : $\frac{\text{Summe der Monatsdurchschnittstemperaturen Jan–Dez}}{12}$ **T = _____ °C**

N : Summe der Monatsniederschläge Jan–Dez **N = _____ mm**

		J	F	M	A	M	J	J	A	S	O	N	D
t	°C	9,0	9,6	12,0	14,6	18,7	22,2	24,8	25,0	22,1	18,3	13,9	10,9
N	mm	93	82	75	67	45	46	16	19	71	130	114	137

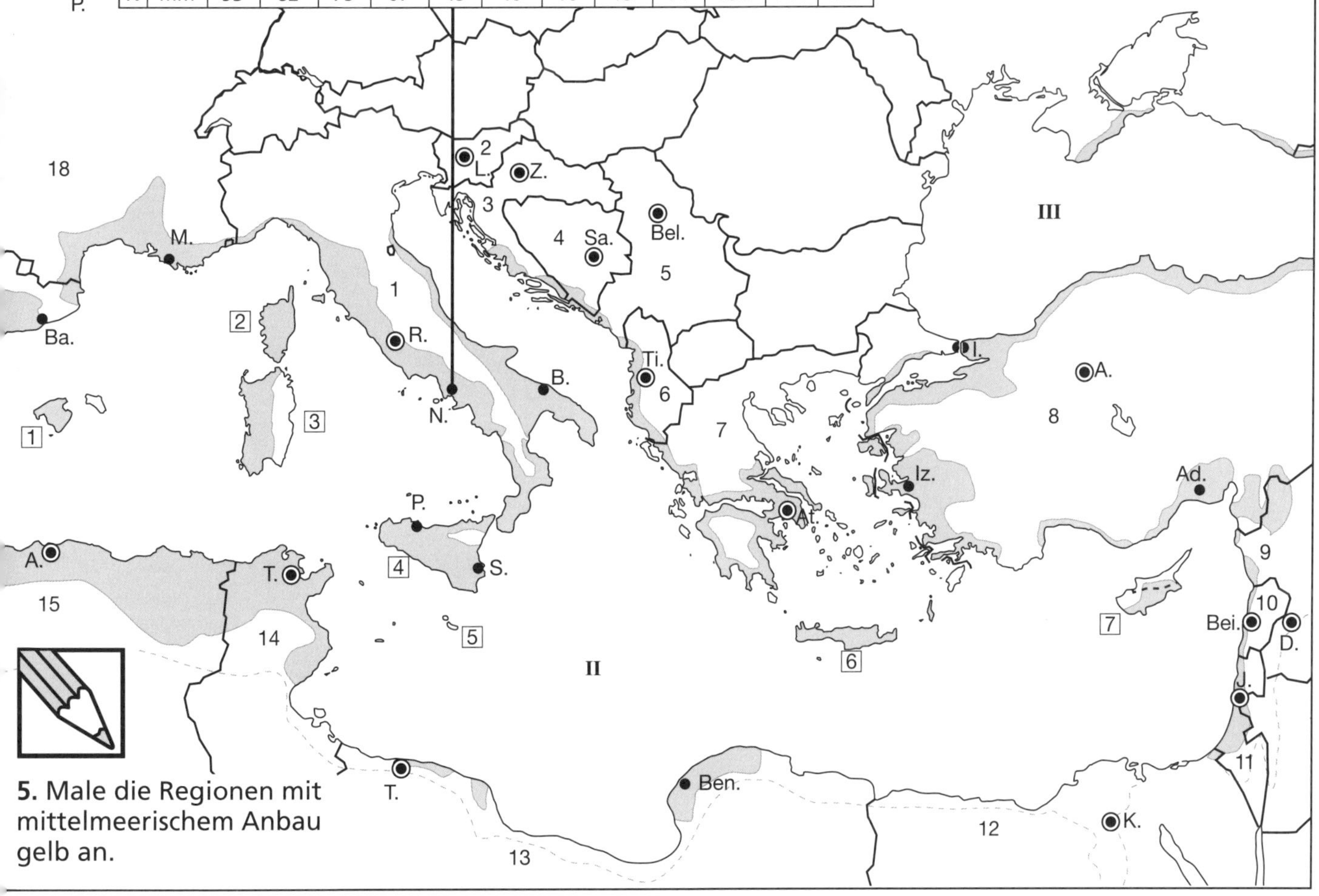

5. Male die Regionen mit mittelmeerischem Anbau gelb an.

14 Rätsel der Wüste

Das gemeinsame Kennzeichen aller **Wüsten**, die **im Bereich der Subtropen** liegen, sind nicht etwa endlose Sanddünen, sondern die Trockenheit. Ein Drittel der Erdoberfläche, ca. 47 Millionen km², ist trocken oder fast trocken. Über 600 Millionen Menschen leben in Räumen, in denen die Jahresniederschläge unter 200 mm im Jahr liegen und sich auf weniger als zwei Monate verteilen. Hier entwickelte sich der Landschaftstyp der Wüste. Er ist durch eine äußerst spärliche Vegetation gekennzeichnet. In den Kernwüsten (innere Gebiete der Wüsten) fallen die Niederschläge in sehr unregelmäßigen Zeitabständen. Es regnet oft jahrelang keinen Tropfen und dann wieder können in einem Jahr mehrere 100 mm fallen.

Wüstenrätsel – eine Rätselwüste

1. Einige Staaten, die Anteil an den Wüsten haben, sind in der Karte mit Buchstabe und Zahl bezeichnet. Ermittle die Staatennamen und trage sie ins Kreuzworträtsel ein.

2. In der Karte sind Wüsten mit Zahlen beschriftet. Ordne die Zahlen richtig zu.

- ◯ Atacama
- ◯ Große Arabische Wüste
- ◯ Große Sandwüste
- ◯ Große Victoriawüste
- ◯ Namib
- ◯ Sahara
- ◯ Simpsonwüste
- ◯ Syrische Wüste
- ◯ Tanamiwüste
- ◯ Tharr

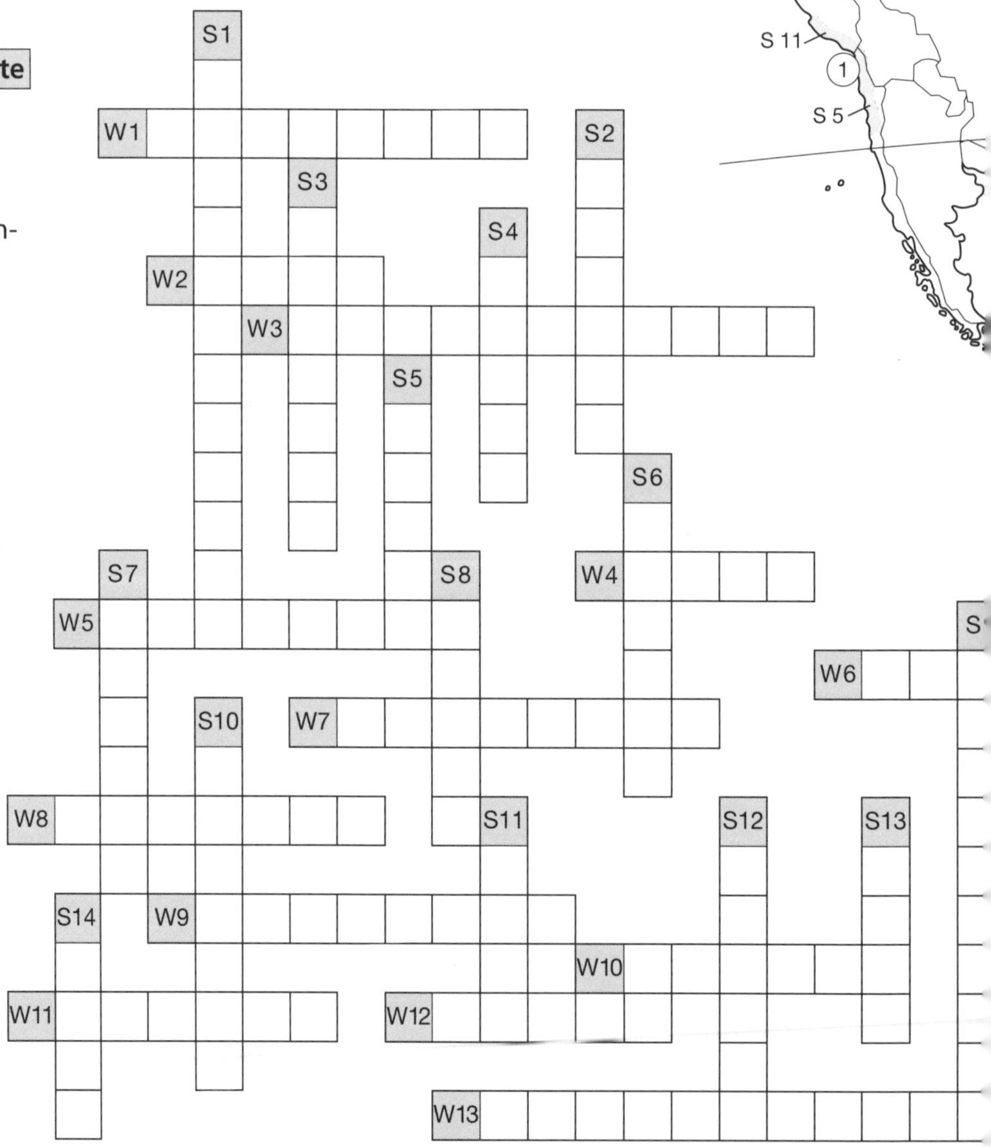

Beachte: Ä = AE, S1 bis S14: senkrechte Ratefelder, W1 bis W13: waagerechte Ratefelde

In Salah / Algerien 280 m ü. NN (27° 12′ N / 2° 28′ E)

		J	F	M	A	M	J	J	A	S	O	N	D
t	°C	13,3	16,1	20,0	25,0	28,9	35,0	36,7	35,8	32,8	26,7	19,1	14,4
N	mm	1	1	0	2	1	0	0	0	1	2	0	2

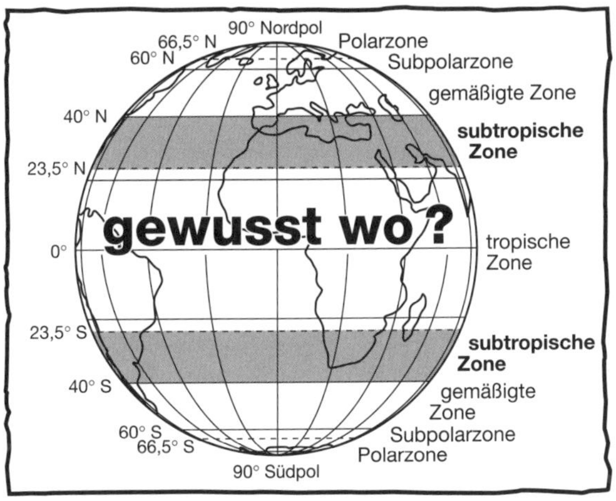

3. Berechne die Jahresdurchschnittstemperatur und die Jahresniederschläge von In Salah:

T = ______ **°C**

N = _____ **mm**

Ein Wüstenbegriff

Desertifikation bedeutet die Ausbreitung von Wüsten in Gebiete hinein, in denen sie aufgrund der klimatischen Bedingungen eigentlich nicht existieren sollten. Hauptsächlich wird Desertifikation durch den Menschen verursacht, indem er seine Umwelt ausbeutet. Man spricht daher von **„man-made-desert“**.

Wüste in Mittelamerika

In den mittelamerikanischen Ländern **Guatemala, Honduras, Nicaragua** und **Costa Rica** werden jährlich 3880 km² Regenwald abgeholzt. Nach einer Studie des Entwicklungsprogramms der Vereinten Nationen können sich große Teile der Region in den kommenden 25 Jahren in Wüstengebiete verwandeln, wenn der Holzeinschlag weitergeht. Sowohl die Überschwemmungen als auch die wiederkehrenden Dürre-Zeiten seien Folgen der mangelhaften Speicherfähigkeit des entwaldeten Bodens.

(Nach Rhein-Zeitung, 09.10.99)

ATLAS

4. Male die im Text genannten Staaten in der Karte rot aus.

16 Kleine Savannenkunde

Der Spielfilm „Hatari“ schildert die Abenteuer von Tierfängern, die in Ostafrika Nashörner, Giraffen, Antilopen und andere Tiere einfangen. Neben eindrucksvollen Tierszenen und einer spannenden Handlung kannst du dir einen Eindruck von den **Savannen** verschaffen.

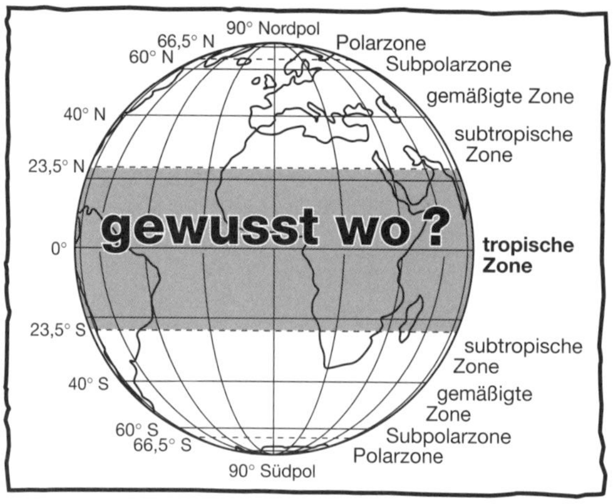

1. Sieh mal in der Karte nach, in welchen beiden Staaten dieser Film gedreht wurde.

____

____

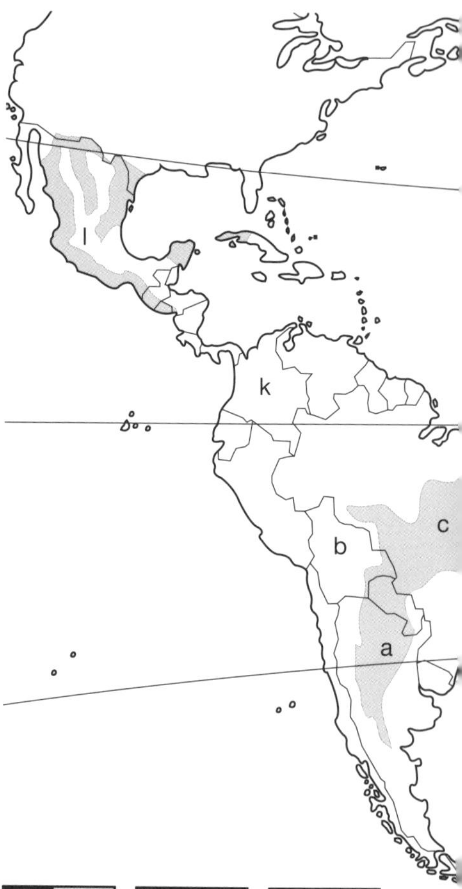

1. In welchen Kontinenten findet man Savannen? Informiere dich in der Handkarte und ergänze die folgende Tabelle (ja/nein).

Im Kontinent ...	gibt es Savannen
Afrika	
Asien	
Antarktis	
Australien	
Europa	
Nordamerika	
Südamerika	

2. Ergänze die Staaten 1–11, die zum Teil in der Sahelzone liegen.

Staat
1
2
3
4
5

Savannen – das musst du wissen

Die **Savannen** sind mehr oder weniger trockene, überwiegend flache Grasländer der **tropischen Zone**. In Afrika schließen sich diese **Gras- und Baumlandschaften** von Norden her an die **Sahara** an. Im trockensten Teil liegt die **Sahelzone**. Diese geht an ihrem südlichen Rand in die fast baumlose, ausgedörrte Landschaft der **Dornstrauchsavanne** über. Ihre Kennzeichen sind eine spärliche Grasdecke und Dornbüsche. Daran schließt sich die **Trockensavanne**, eine Landschaft mit höheren Niederschlägen, einer dichteren Grasdecke und typischen Baumarten an. Dort, wo deutlich mehr Regen fällt, finden wir die **Feuchtsavanne**. Ihre Kennzeichen sind eine üppige, mannshohe, grüne Grasdecke, grüne Sträucher und ein dichter Baumbestand.

Den **Affenbrotbaum** oder **Baobab (1)** findet man in der **Trockensavanne** Afrikas. Manche der Wasser speichernden Stämme erreichen einen Durchmesser von neun Metern. Die Äste werden teilweise so dick wie die Stämme anderer großer Bäume. Sie bilden eine Halbkugel, die einen Durchmesser von 45 Metern erreichen kann. Der Baum liefert Nahrungsmittel (Fruchtmark), Öl (Samen), Holz und Bast.

Typische Bäume der Trockensavanne sind auch **Flaschenbäume (2)** und **Schirmakazien (3)**.

Niederschläge in den drei Savannenarten

Dornstrauchsavanne:
200–500 mm Niederschlag
in 2–4 Monaten Regenzeit

Trockensavanne:
500–1000 mm Niederschlag
in 4–6 Monaten Regenzeit

Feuchtsavanne:
1000–1500 mm Niederschlag
in 6–10 Monaten Regenzeit

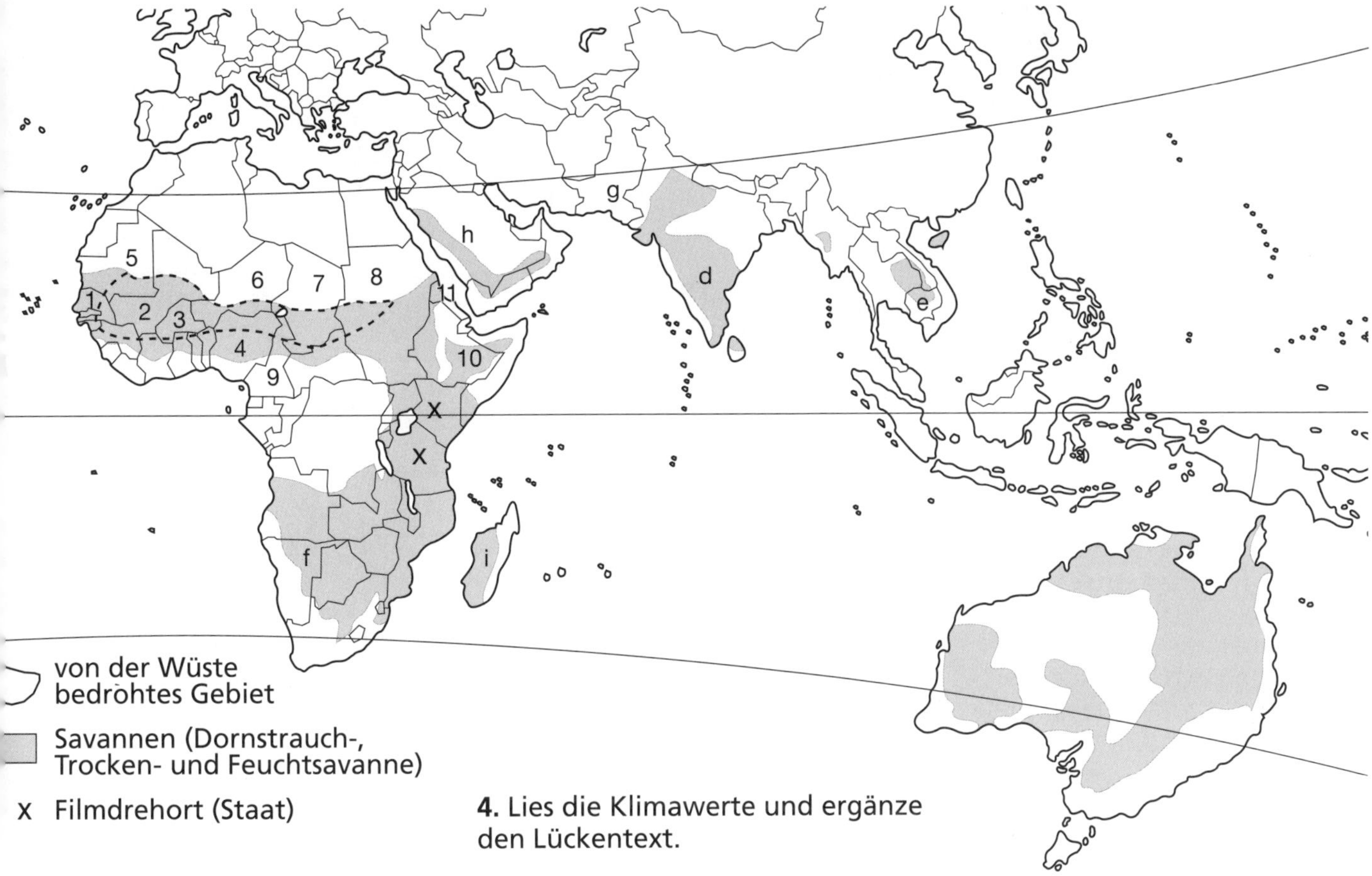

6	
7	
8	
9	
10	
11	

3. Ergänze mithilfe der Handkarte, in welchen Staaten man Savannen findet.

a	
b	
c	
d	
e	
f	
g	
h	
i	
k	
l	

4. Lies die Klimawerte und ergänze den Lückentext.

Klimawerte aus den Savannen im Vergleich

El Obeid / Sudan 585 m ü. NN (13° 11′ N / 30° 14′ E)

		J	F	M	A	M	J	J	A	S	O	N	D
t	°C	19	22	24	28	30	29	27	26	27	27	24	21
N	mm	0	0	0	0	18	38	97	117	76	15	0	0

Zinder / Niger 510 m ü. NN (13° 48′ N / 8° 59′ E)

		J	F	M	A	M	J	J	A	S	O	N	D
t	°C	22	25	29	33	34	32	28	27	29	31	27	24
N	mm	0	0	0	3	27	55	153	232	71	7	0	0

Kinshasa / D.R. Kongo 358 m ü. NN (4° 20′ S / 15° 16′ E)

		J	F	M	A	M	J	J	A	S	O	N	D
t	°C	26	26	27	27	26	24	23	23	25	26	26	26
N	mm	135	146	196	196	157	8	3	3	30	119	221	142

Vom Äquator zu den Wendekreisen hin nehmen die Niederschläge _____ (ab/zu). Gleichzeitig _________ (steigen/sinken) die Schwankungen der Jahrestemperatur.

In den Dornstrauchsavannen Afrikas fällt nur wenig Regen. Viele Menschen, die in diesen Gebieten wohnen, leben als Nomaden. Ihre ständig wachsenden Herden – mit der Größe der Herde steigt das Ansehen der Familien – fressen alles kahl. Die Savanne wird überweidet. Durch die Nutzung von Tiefbrunnen sinkt der Grundwasserspiegel stark ab, das Weideland vertrocknet. Hier dringt die Wüste immer weiter ein.

5. Informiere dich in der Karte oben über das Gebiet Afrikas, das von der Ausbreitung der Wüste besonders bedroht ist. Male dieses Gebiet in der Karte rot aus.

18 Tropische Fracht

Der Frachter „Tropicana" kommt im Hamburger Hafen an. Er hat die Ozeane und Kontinente entlang des Äquators bereist und ist mit allerlei Fracht aus der tropischen Zone beladen.

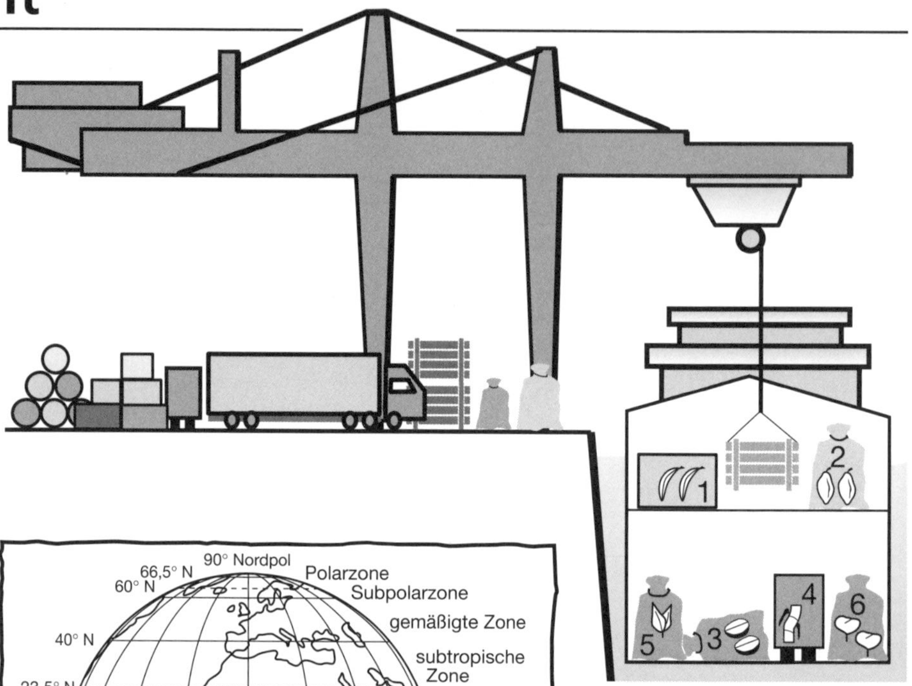

1. a) Finde heraus, welche tropischen Nutzpflanzen in den vier Säcken und zwei Containern verpackt sind (Wirtschaftskarte im Atlas).
In der Tabelle sind diese Atlassignaturen noch einmal angegeben. Ergänze die Erzeugnisse (Nutzpflanzen).

b) Suche zu jedem Produkt jeweils drei Anbaugebiete in der tropischen Zone.

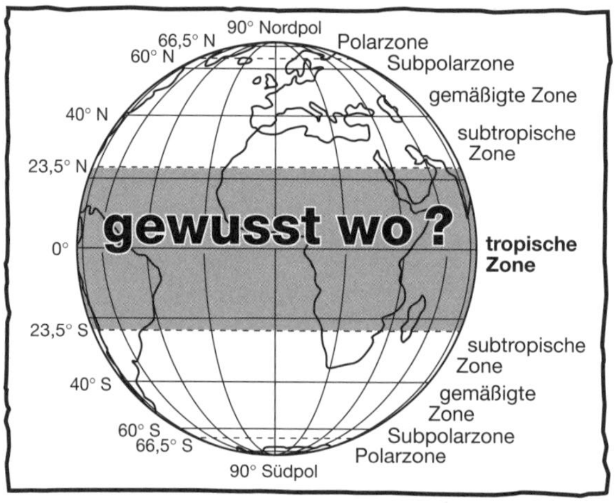

2. Im Kartenausschnitt findest du Aufkleber tropischer Früchte. Suche beim nächsten Einkauf selbst nach weiteren Aufklebern und klebe sie neben die jeweiligen Erzeugerländer.

Erzeugnisse (Atlassignatur)	Anbaugebiete (Kontinent/ Region/Staat)
 1.	
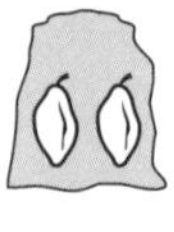 2.	
 3.	
 4.	
 5.	
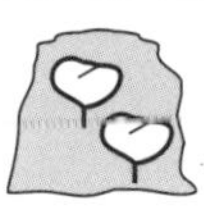 6.	

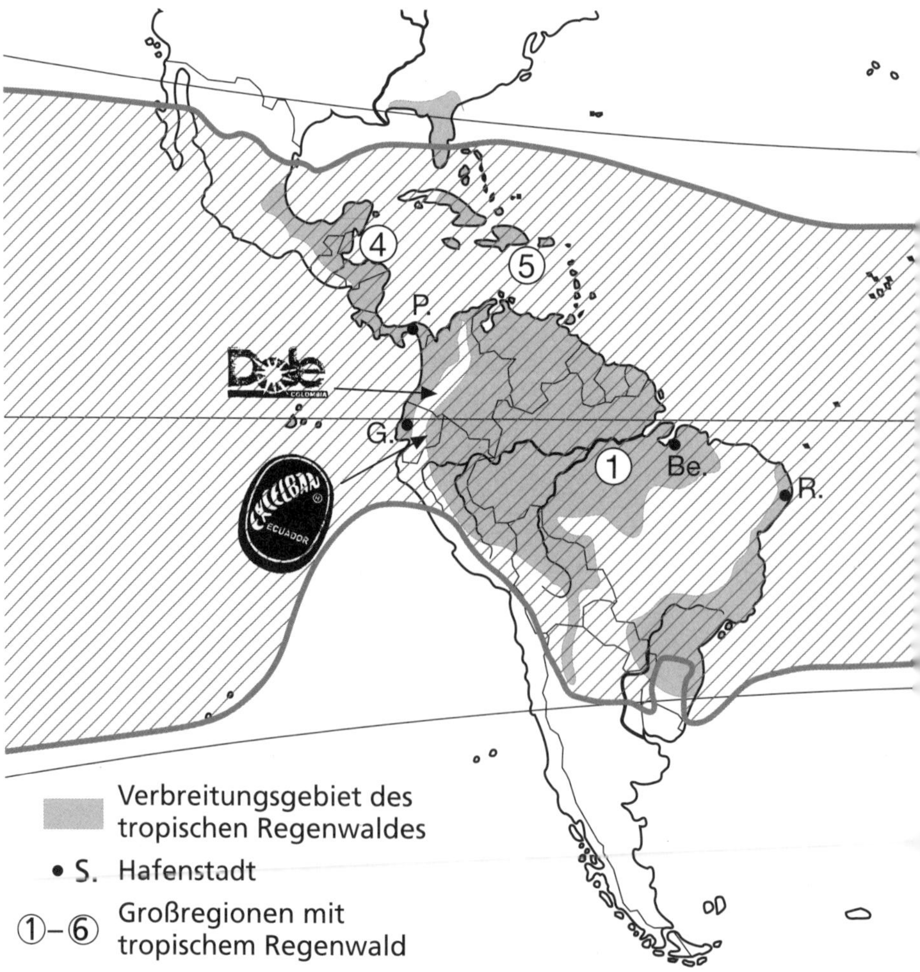

Verbreitungsgebiet des tropischen Regenwaldes

• S. Hafenstadt

①–⑥ Großregionen mit tropischem Regenwald